家族になった
ニホンミツバチ

久志冨士男

DVD付き
動画でみる
ニホンミツバチの
飼い方

高文研

❄――目次

はじめに 5

1 巣箱作り
❋サイズ 6
❋材料の入手 7
❋巣箱のパーツについて 9
❋重箱の組み立て 10
❋基台の製作 14

2 分蜂群飛来
❋待ち箱 17
❋定位置への移動 18

3 ニホンミツバチの住む環境
❋雑木と雑草 19
❋巣箱の設置場所 20
❋乗っ取り 23
❋南西諸島 24
❋北海道 29

4 ニホンミツバチは人に馴れる
❋巣門に手をかざす 31
❋人に助けを求めるニホンミツバチ 32
❋三つ巴の進化 37

5 分蜂
❋農薬避難場所 42
❋麻有ちゃんのこと 42

＊分蜂開始、素手・素顔での分蜂群収容　43
　　　＊コミュニケーションと討議　44
　　　＊群の拡散　48
　　　＊巣門の高さ　50

6　採蜜
　　　＊洞禅寺　51
　　　＊素手・素顔の採蜜　52
　　　＊巣板ミツ　53

7　ミツの濃縮
　　　＊発酵対策　54
　　　＊気密室・乾燥剤・除湿器　54
　　　＊アジア諸国のミツ　56

8　巣板の更新
　　　＊新しい巣房に産卵する　59
　　　＊年に２回巣板を作り変える　59
　　　＊カビ対策　62

9　スムシ
　　　＊スムシは掃除屋　64

10　オオスズメバチ対策
　　　＊防止器　65
　　　＊人に馴れるオオスズメバチ　66
　　　＊利口なオオスズメバチ　67
　　　＊オオスズメバチの作戦　70
　　　＊１対１ではニホンミツバチがハチ類の中で１番強い　71

11 セイヨウミツバチとの違い

　❋セイヨウミツバチは元来おとなしい　74
　❋重箱式とセイヨウミツバチ　77
　❋セイヨウミツバチ用オオスズメバチ防止器　80
　❋ニホンミツバチを増やそう　81
　❋営業養蜂をニホンミツバチに転換すべきである　81

おわりに　83

装丁＝商業デザインセンター・増田　絵里

DVD の使い方

この本には、巣箱の作り方からニホンミツバチ観察のためのDVDが付いています。
このDVDをDVDプレイヤーやパソコンのDVDドライブにセットして、ご覧ください。

◆TOP ページ

TOP ページ：
ビデオ編と写真編のどちらかを選択できます。ビデオ編をクリックすると動画目次画面、写真編をクリックすると静止画目次画面に移動します。

◆ビデオ編／目次

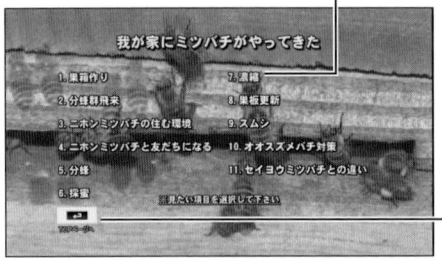

目次：
カーソル（矢印）や方向キーでタイトルをクリックします。

TOP ページへ：
矢印マークをクリックすると、TOP ページに移動します。

◆写真編／目次：写真の数字は、本の写真の数字と同じです。

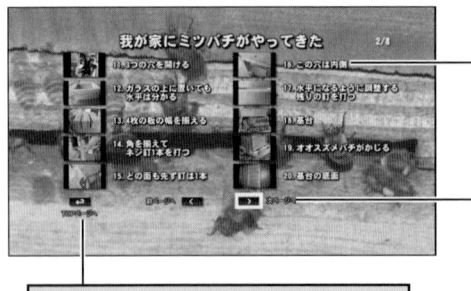

目次：
1 〜 75 の写真があります。
カーソル（矢印）や方向キーでタイトルをクリックします。
再生ボタンをクリックすると、10 秒で次の写真に移動します。
一つの画面で停止したい時は、停止ボタンをクリックします。

TOP ページへ：
矢印マークをクリックすると、TOP ページに移動します。

前のページへ／次のページへ：
マークをクリックすると、前のページ、次のページに移動します。

（注）パソコンで再生する場合は、DVD 再生ソフトをご使用ください。

はじめに

　私の前著『我が家にミツバチがやって来た』の出版から1年が経ったが、読者の方から、ミツバチの動きを見ながらの説明がほしいという要望を何回もいただいた。私も本では十分に伝えることのできないニホンミツバチの魅力を映像で伝えたいと思うようになっていた。
　昨年あたりから、ビデオカメラを持った友人に、ことあるごとに撮ってもらっていたが、今年になって私も購入し、撮り始めた。2011年6月になって、一応、重要な部分は撮ったようなので編集に取り掛かったが、これは手に負えなかった。パソコンをじっくり勉強する時間がこれまで持てなかったし、これからも持てそうにない。遂にプロにお願いすることになった。

　いつの間にか、かなりの量の映像を撮り貯めていた。その中から、これまで世に知られていないこのハチの生態に関わる部分だけを選び編集した。その点では、このビデオは画期的なものであると自負している。
　この映像は春と夏の半年分の記録である。残りの秋と冬の分はこれから撮ることになる。特に、ニホンミツバチとオオスズメバチ、それに人が加わった三者の関わり方を追求してみたいと思っている。

　ニホンミツバチは人を覚える。それがこのハチの最大の魅力であり、このビデオの主題でもある。人を仲間として受け入れ、自分の気持ちを語りかけてくる。人も自分の気持ちを伝えることができる。こんな小さな虫の中に人と同じ心が宿っている。その自然の驚異をこのビデオから感じ取っていただけたら、著者としてこの上ない喜びである。

1　巣箱作り

サイズ

　ここで私が取り上げるのは、重箱式である【写真1】。重箱式は重箱を3段とか4段積み上げるのであるが、私が推奨している重箱式巣箱の各重箱のサイズは、内寸250×250×高さ125ミリである。

　このサイズに到達するのに、20年かかっている。100群ほどのニホンミツバチの巣箱を1センチ単位で広げたり、縮めたりを繰り返してきた。1回にどれだけ採蜜できるか、その上限を探り当てようと試行錯誤を繰り返してきたのである。そしてこの数値に到達した。

1．私の重箱式巣箱

　このサイズより内容積が大きいとミツを採り過ぎることになり、ハチに打撃を与える。大き過ぎる重箱は使ってはならない。

　内寸の250×250ミリは10年くらい前に確立していたのであるが、高さの125ミリは最近確立したものである。実を言うと、4～5年前までは120～150ミリをいろいろ試していた。ところが長崎県の離島でニホンミツバチを復活させたとき、離島では流蜜が豊富なので150ミリに落ち着いたのであった。それで『我が家にミツバチがやって来た』

の初版本からは150ミリにしたのであった。

　ところが、本土側ではそれでは、やはり採り過ぎる場合が多く、離島の人たちに150ミリと125ミリのどちらがよいか尋ねてみたら、125ミリにして小刻みに採ったほうが蜂への打撃が少なく、結局、年間を通じては収穫量が大きいという返事であった。そこで、同書第5刷から125ミリにしたのである。

材料の入手

　木材の種類は杉が一番良い。巣箱の内部はミツバチによるミツの濃縮が行われているために、巣箱の壁は吸湿性の良い材料が好ましい。杉を勧める。軽くて安価でもある。

　厚さ25ミリで巾125ミリの板は規格品としては市販されていない。

　厚さ24ミリ、巾120ミリの板は規格であり、それを使用してもよいが、それの既製品【写真2】を入手するとなると、やはり困難である。

　製材所【写真3】に出向いて25ミリ×125ミリの板を切ってもらうしかない。ついでに長さを275ミリに切ってもらったらよい。自分で275ミリに切るとなると、正確に直角に切り分けるのは結構難しい。

2．厚さ24ミリ×巾120ミリの既製品の板

3．私が利用している製材所

4．製材所にある木材

5．巣箱2段分の部品

6．左2枚が内側。桟用の穴が空いている。

製材所のノコギリなら正確に切ることができるが、作業者に正確に直角に切るように念を押さなければならない。

　生木でなく乾燥した材木を板にしてもらう【写真4】。生木は木材の匂いがあるのでミツバチは選ばない。また、生木は乾燥すると収縮する。

　重箱用の板の最終的な長さは275ミリと短いので、材木は切れ端でよく、安く入手できるかもしれない。製材所と相談してみたらよい。

　乾燥した材木がない場合、生木でもやむを得ない。その場合、生木の板で重箱を作ってしまい、分蜂期までそのまま保存して、設置直前に鉋（かんな）で歪みを補正する。

　分蜂期が近いなら、池か海に持って行って重石（おもし）を付けて1週間ほど沈め、あく抜きをして、日陰で

乾燥させ、鉋で歪を取って使用する。

巣箱のパーツについて

巣箱のパーツは【写真5】のようなものである。重箱の板には表と裏がある【写真6】。立木のとき中心に近いほうを外側とし、外側だったほうを裏とし、裏には、井の字型の桟を取り付けるための穴を開ける。

蓋は2枚で、厚みは重箱と同じ25ミリであるが、幅は150ミリ、長さは300ミリである。やはり製材所で切ってもらったほうが良い。

7. 中蓋のスリット。中に蜂の巣が見える。

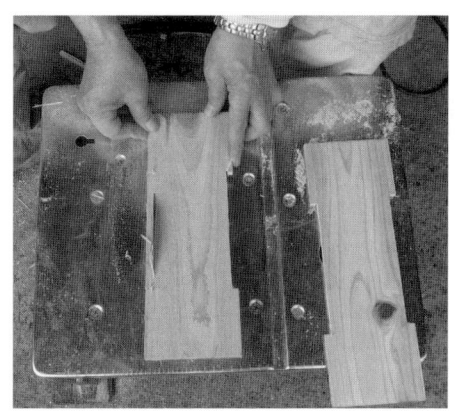

8. スリットを切り込む。私は、丸ノコを使っている。

設計図には1枚の蓋の3カ所をネジ釘で留めるように描いているが、移動などで蓋が外れる恐れのある場合の留めであって、ただ設置するだけなら、屋根と重石を載せるので、釘留めは必要ない。

中蓋は、厚さ6ミリ、巾10ミリ、長さ300ミリの板3枚で構成される。真ん中の板に10ミリほどのスリットを2つ切りこむ【写真7】。丸ノコで切りこむと作業が速い【写真8】。切り出しナイフででもできる。

厚さが6ミリ以下だと、ミツが貯まった時、その重みで下へ曲がることがある。厚すぎると、スリットから中が覗きにくい。

9. 出入り口の高さと同じ6ミリ

10. 上下互い違いになるように桟をかける。

11. 木ネジで止めるためのリード穴を空ける。

この6ミリは巣門の巾と同じなので、巣門を切りこむときのゲージとしても使える【写真9】。

重箱の組み立て

底のない正方形の枠を重箱と呼んでいるのであるが、この重箱の内側には井の字形の桟(さん)を取り付ける【写真10】。そのために、それを取り付ける穴が必要である。内径250ミリを3等分する間隔、83ミリほどの間隔で、上端から40ミリのところに、直径3.5ミリ〜4ミリの穴を深さ15ミリほど掘る。

重箱の各板はお互い、3本の釘で組み上げる。そのためのリードの穴を開ける【写真11】。

重箱を重ねて積み上げたとき、お互いの間に隙間ができないようにしなければならない。隙間があるとそこから匂いが外に漏れ出てオオスズメバ

チを引きつけることになるので、ニホンミツバチが分蜂して、新しい居場所を調べに来たとき選ぼうとしない。

そのため、製作のとき正確に平面に乗るように作らなければならない。ガラス板などに乗せてみてガタがないように作らなければならない【写真12】。

まずは、4枚の板が全く同じ巾でなければならない。製材所で切るときに少しの巾の違いや歪みがでる。それで、同じ巾の板を4枚集めるか【写真13】、鉋で調整する。

最初、4枚の板をそれぞれ1カ所ずつ、各板を1本の木ネジで留める【写真14】。各板は表と裏を間違えないようにする【写真15】。隣り合う板は接触部の角がずれないように合わせる【写真16】。それが正確にできると、

12. ガラスの上に置いても水平はわかる。

13. 4枚の板の幅を揃える。

14. 角を揃えて、まずネジ釘を1本打つ。

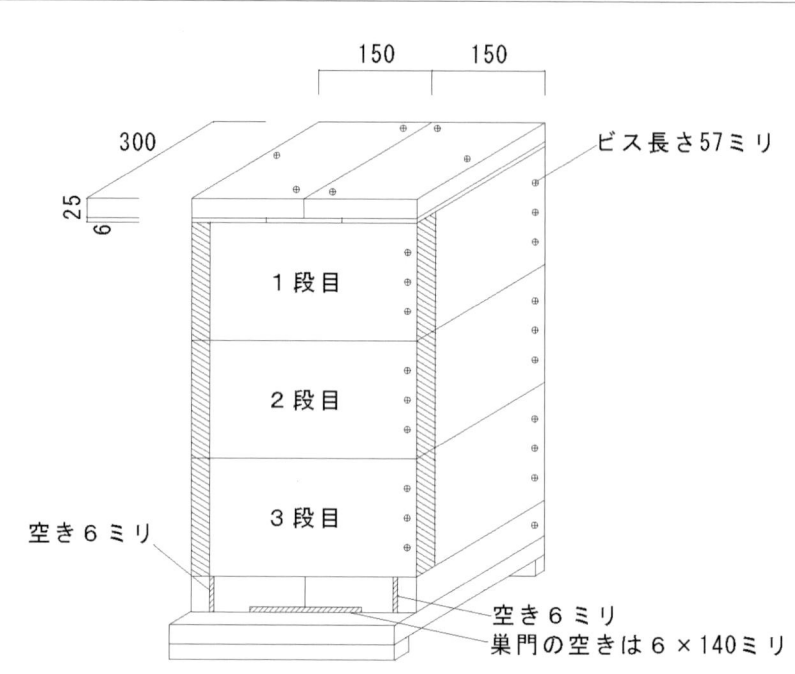

正面から見た立面図

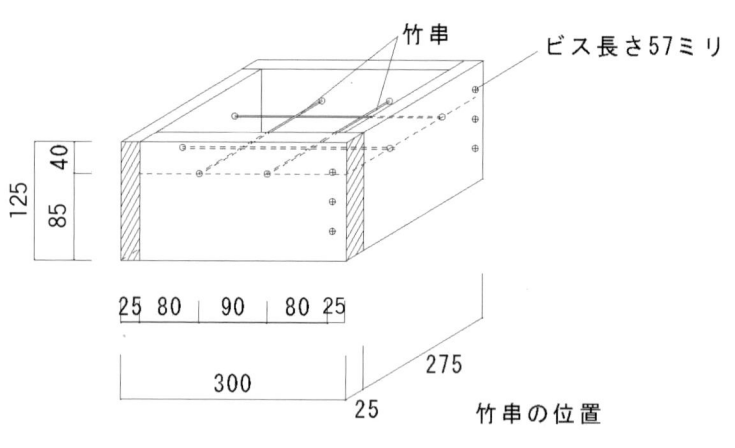

竹串の位置

重箱式ニホンミツバチ巣箱の設計図

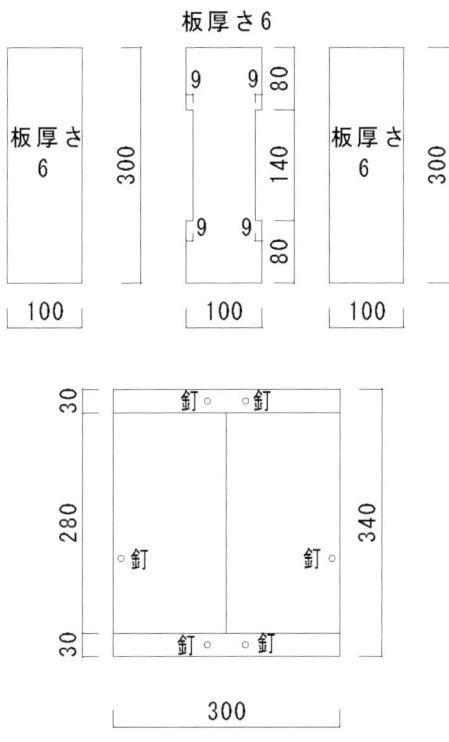

基台裏平面、釘の位置

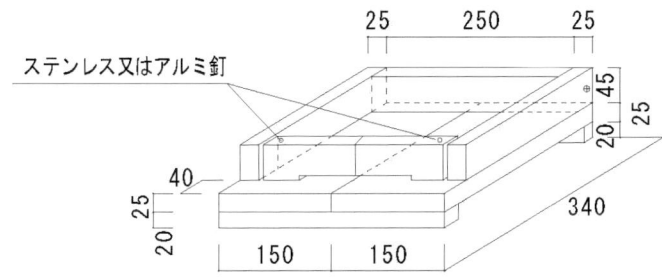

基台の斜視図

※数字の単位はミリ

仕上がった重箱も歪みはない【写真17】。歪みがあったら微調整をして、残りの木ネジを締めこむ。

複数個の重箱を仕上げたら重ねてみて、ガタがあったら鉋で調整する。

15. 4カ所に先ず1本ずつ打つ。

16. 桟用の穴がある面が内側

組み立てる前から、すべての板が同じサイズになるように裁断する機械、あるいは方法があれば、この問題は解決する。製材所の帯ノコでは完全な直線に切ることはできないとのことである。裁断した後で、数枚の板をクランプで締めて、正確に125ミリの巾に削れる電動カンナを使えばできるはずであるが、家庭用でそこまでやれる機械はないであろう。

基台の製作

基台、あるいは底板であるが【写真18】、絶対必要というものではない。

17. 金づちなどで叩き、水平になるように調整する。それから、残りのネジを締めこむ。

板や石を噛ませても間に合うが、あったら便利である。移動には便利だし、暑いときは、入口の扉を開いてやることもできる。特に最近は温暖化のため、夏は入口を広げて冷却用の空気を取り入れやすくしてやる必要がある。そんな場合、この基台は便利である。

この写真の側面の板の巾は40ミリにしているが、入口から手を入れるには少し足りない。45ミリにしたら十分である。

しかし製作は結構面倒である。図面通りに作っていただいたらいいのであるが、ポイントを述べておく。

底板はベニアでも良いが、防虫剤が染み込ませてある場合があり、ハチが逃げ出すことがある。

扉は錆びない釘をヒンジ（ちょうつがい）として使う。巣門の高さ、あ

18. 基台。暑い時には入り口の扉を開けてやる。

19. オオスズメバチが強力なあごでかじる。

20. 基台の裏側

21. 前傾床式基台。後ろ側に板を打ち付けている。

るいは巾は6ミリである。これより狭いとハチがかじって広げようとする。雄蜂が出入りできないからである。これより広いと、オオスズメバチがかじって広げようとする【写真19】。少しかじったら入れると思うからである。

　2枚の底板の連結は近くに打った2本の釘で固定している【写真20】。板は木目に直角の方向に縮みが大きい。釘を端にも打ったら、乾燥したとき継ぎ目に広い隙間ができるので、このような打ちかたをしているのである。

　【写真21】は壱岐島の斉藤さんの基台の側面写真である。巣箱を垂直に立てても床は前に傾斜するように設計されている。

2　分蜂群飛来

待ち箱

　巣箱の中に、巣板の欠片やミツの搾りかす、あるいは蜜蝋を入れておくと待ち箱（罠箱）になり、分蜂群が入って来ることがある。1度営巣したことのある巣箱だとすぐに見つける。だから古い巣箱はきれいに掃除をしないまま保存したほうが良い。

　最初に1匹の捜索蜂がやって来て見つけると、中を調べ、気に入ると帰って他のハチに知らせる。知らされたハチは確認にやって来る。だんだん捜索蜂が増えてくるが、100匹くらいになり、嬉しさを表現する高い羽音で出入りするようになると決まりである。決まるといったんみんな引き上げ、しばらく静かになるが、やがて数千匹のハチが轟音とともにやって来て、待ち箱の中に吸い込まれてゆく。7割くらい入ったところで女王蜂が入る。よく目を凝らしていても見落とすことが多い。やって来て、すべてが入ってしまうのに15分くらいかかる。

　入ってしまってから20分くらいすると、働き蜂が蜜集めに飛び出してゆく。4〜5秒、巣箱のほうを向いてホバリングをして、巣箱の位置を覚えてから大空に飛び出してゆく。

　巣箱の位置を替えたかったら、集蜜に飛び出す前に動かすか、夜を待たなければならない。

　ニホンミツバチを飼い始めるのは、このようにして自然群を捕えるところから始まるのが原則である。他人から購入する必要はない。待ち箱を置いていても捜索蜂が来ないようだと、その地域に棲息していないと判断でき、環境が悪いためで、無理によそから持ってきて置いても、逃亡される恐れがある。

定位置への移動

このビデオの場合、すぐ近くに移しているが、遠くに移したい場合は、巣門を、ガムテープでよいから、閉鎖して乗用車で運ぶ。巣箱全体を固定するためには、カブ型バイクのタイヤ（17インチ）のチューブが合う。

ニホンミツバチは元来、自然の一部である。だから、自然界から捕えて自分の巣箱に入れたから絶対自分のものであると主張することはできない。宿を貸しているだけだと考えるべきである。

重箱3段はバイクのチューブが適合する。（この写真はDVDには収録されていません）

飛来群を受け入れる側ではなく、送り出す側のことは、後ほど「5、分蜂」の項で詳しく述べる。

3　ニホンミツバチの住む環境

雑木と雑草

　ニホンミツバチは雑木の花の咲く時期にタイミングを合わせて分蜂する。雑木のないところで生きるのは難しい。日本は大きく南北に分けられ、南はモンスーン地帯で照葉樹林帯にある。その樹木の中心をなすのは椎の木である。椎は長崎県では5月初めから5月末まで咲く【写真22】。ニホンミツバチは、分蜂が終わって大繁殖の時期に入るのを椎の花など雑木の開花にタイミングを合わせている。雑木の終盤はネズミモチ【写真23】が締めくくる。

　雑木の開花が終わると雑草の花に蜜源を頼る。だからミツバチが育つ環境は雑木があり雑草のある環境である。雑木は山が険しくても生育できるが、雑草は平地で陽が当たらないと生えない。両方が揃う所は畑にも適しているので、人の住む里山でもある【写真24】。即ち、人とニホンミツバチは昔から住むところを同じくするパートナーだったのである。

　里山にも、その里山ぶりに程度があるが、最近は開発が進んで、住

22.　椎の開花。山が真っ白く見えるように咲く。　　　　23.　ネズミモチの花。良い蜜を出す。

24. 佐世保市の里山

宅街が広がっている。それでもビデオにある我が家の庭のようなところででも、4〜5群は飼える。

巣箱の設置場所

　巣箱をどんな場所に置いたらよいか、考えてみよう。以下は、前著『我が家にミツバチがやって来た』〈64〜65ページ〉からの引用である。

　　　　　　　＊　　　　　　　　　＊

　まずは食糧の充分なところを選ばなければならない。雑木が充分であるか、雑草が生えるに充分な日照があるか、人の里山の暮らしがあるか、すなわち野菜畑、果樹園などがあるかがポイントである。

　ミツバチは花蜜だけでは不十分で、花粉も必要である。花粉は花蜜以上に安定供給を必要とする。樹木より雑草のほうが種類も多く、その分、年間を通じてより多く開花し、花粉の安定供給に資する。

　杉の人工林が多く、雑木や雑草の少ない場所は食糧難をきたす。ミツバチは被子植物と同時に発生し、共生して進化してきたと言われる。どちらかが欠けると、他方も生きていけなくなる。

　巣箱の設置は、夏、直射日光の当たらないところを選ぶ。当たると、

ハチは体を張って遮ろうとする。セイヨウミツバチのように、日向に置くと蜂数を増やせない。しかし、湿気の多いところより乾いたところが好まれ、そのため1日のうち少しは日の差し込むところが良い。冬は、できれば朝日が当たったほうが良い。落葉樹の根元は好まれる。

　日陰が良いとは言っても、地面がいつも湿っていて、風通しも悪い場所がある。ハチが貯蜜を濃縮するのに苦労する。そんな所しか設置場所が見つからないときは、コンテナなどを置いてできるだけ地面より高くする。ビール瓶用のコンテナは丈夫である。

　冬は、北西の風が巣門から吹き込まない方向に向けて置く。内部を冷やす最大の要因は、巣門から吹き込む寒風である。

　水も必要で、近くに清水があったほうがよい。分蜂球を作る木の枝も近くにあったほうがよい。梅など、表皮の荒い木がよい。

　さらに、ハチが高速で巣門に飛び込めるように巣箱のどの側かは障害物がないようにする。密生した林の中などはよくない。スピードが遅くなると、空中でキイロスズメバチに捕まる。

　樹木が密生してなくて風通しがよければ、林の中でも結構好まれる。ツバメが来ないし、女郎蜘蛛も巣を張らない。

＊　　　　　　＊

　最近は温暖化対策も講じなければならなくなった。日陰に置くだけでは不十分である。風の通りの良いところに置くべきである。2010年は、巣内の巣板が暑さで溶け、ミツが巣門から流れ出し、ハチが逃亡したという報告がかなりあった。涼しくなってから戻って来たのもあったが、戻って来なかったのもあった。

　逃亡とは巣を換える行為をいう。分蜂と同じようにいったん木の枝などに蜂球を作り、それから新しい居場所を探すが、弱い別の群の巣箱を居場所と決め、乗っ取ることもある。

　梅雨が明け、暑さが増してくると、ハチたちが巣門を出て、巣箱の

24'. 中が暑いと巣箱の前面に群がるようになる。

24". 基台の扉を開いてやる。

前面に群がるようになるが【写真24'】、これは中が暑いからである。正確に言うと、巣箱内が子育てに適温の34℃より高いので、体温を放出して温度を上げる要因になる、当面仕事のないハチが外に出ているのである。温度調節係が空気を扇いで巣門から送り込んでいるはずである。

こんな場合どうしたらよいかというと、巣門の扉を開いてやるか【写真24"】、重箱を下に継ぎ足してやるかすればよい。陽が当たっているようだと日陰を作ってやらなければならない。巣門の扉を開いてやった場合、涼しくなってオオスズメバチの現れる盆過ぎには閉じるのを忘れてはならない。

ニホンミツバチが太古の原始の森に生息しているときには、この問題はなかったと思われる。生木の洞では、周りは他の樹木で日陰になっていたこともあり、巣内が暑くなることはなかったはずである。ニホンミツバチを飼うときは、樹木の洞が最良の居場所であることを念頭に置き、それに準ずる巣箱と設置場所を実現するよう心がけるべきである。

乗っ取り

巣換えは、暑いので涼しいところに移動するためだけに行うのでなく、古い巣板が巣内に充満したために行うこともある。巣内に新しい巣板を作る余地がない場合、古い巣板を壊すか、近くの空いた巣箱に移るかするが、弱い群が近くにいるとそこを乗っ取ることもある。新しく巣板を作る手間を省くのである。

ニホンミツバチの群の間では、乗っ取りはよく起こることである。女王蜂の老齢化や産卵力の弱い女王の群を強勢群が乗っ取るのである。弱い側は抵抗せず、強い群に吸収される。

弱いほうの女王はどうなるか。たぶん殺されるのではないかと思わ

れるが、死骸を確認したことはない。働き蜂が遠くへ捨てたのかもしれない。中を調べればわかることであるが、重箱式では内検が難しいので調べたことはない。

　普通の分蜂群も弱小群を乗っ取ることがある。弱小群の傍にあった空き箱に捜索蜂が来ていたので、それに入るだろうと思っていると、本隊がやって来たとき、それにも少数入るが、大部分は弱小群の巣箱に入り、そのあと、空き箱のほうに入ったハチたちもそちらに移った。

　捜索蜂が前もって弱小群の巣箱を調べるはずはないので、臨機応変にこんなことがやれるのが不思議である。

　ときにはセイヨウミツバチがニホンミツバチの弱小群を乗っ取ることがある。この場合、戦いが起こり、両方が100匹くらい死ぬが、生き残った多数のニホンミツバチは同居することになる。

　巣房のサイズが違うので、セイヨウミツバチはそのままは使えない。また古い巣板を壊す習性もないので、ニホンミツバチの巣板の下に自分たちの巣板を付け足す。

　乗っ取りではなく、押し掛けメンバーになることもある。何らかの理由で女王が死んだとき、働き蜂たちは近くの群の所に行き、家族にしてもらう。

　群には独自の匂いがあって、それで自他の区別をしているが、それは女王の匂いだと思われる。女王がいなくなると1日以内にその匂いが消えるらしく、他群に行っても排除されない。

南西諸島

　2011年8月22日から3日間、奄美大島にミツバチの調査に出かけた。ここに住むトウヨウミツバチがニホンミツバチなのかどうか調べるためである。

　ＤＮＡなど調べなくても、巣房の大きさを比べたらわかる。

以前から、台湾や韓国から輸入するニホンミツバチ用の巣礎のパターンが、ニホンミツバチのものより小さいことに気づいていた。巣礎に型押しされた働き蜂の巣房を10個数えてみると、輸入巣礎は45ミリなのに、ニホンミツバチの巣板の巣房は48ミリである。

　全国の友人に働き蜂の巣板を送ってもらって調べたが、青森から鹿児島まで同じであった。対馬のものも同じである。正確に同じである。

　最初、韓国のものも台湾のものも計測の手違いではないかと疑ったが、共に同じサイズなので、間違いではなく、ニホンミツバチのほうが他のトウヨウミツバチより身体が大きいのではないかと思い当たったのである。ニホンミツバチは他のトウヨウミツバチとはＤＮＡが１カ所違っていると言われてきたが、それがこの違いとして実現しているのではないかと思い当たった次第であった。ついでながら、セイヨウミツバチのものは53ミリである。

　台湾に行く機会があり、台湾のものを私の手で調べようと思い、私のニホンミツバチの働き蜂の巣板をカラーコピーして持参した。泊めてもらった台湾の友人に頼んで、インターネットで台北近郊の養蜂家を探し出し、トウヨウミツバチを飼っている人を聞き出し、探し当てた。翌日そこにタクシーで行って、セイヨウミツバチの巣箱で飼っているトウヨウミツバチの巣箱を開け、巣板を１枚もぎ取った。後述するが、トウヨウミツバチは人に馴れると攻撃しないのである。最初に巣門に手をやって馴らし、素手、素顔で作業を行った。

　もぎ取った巣板を、持参したニホンミツバチのパターンと比べたら、やはり小さく、台湾製の巣礎のサイズと同じであった。即ち韓国の巣板、即ちトウヨウミツバチ原種のサイズである。コンビニでカラーコピーして、原寸に間違いないことを確認して持ち帰った。

　なぜニホンミツバチは身体が大きいのか？　寒冷地に適応するように、少しずつ身体を大きくしてきたのではないだろうか。

　台湾のトウヨウミツバチが大陸のそれと同じであることは既に知ら

れているが、大陸との間の海峡は広いのになぜそうなのか、誰かが持ち込んだのではないかなど言われてきた。

　沖縄諸島にはトウヨウミツバチは生息しないと言われてきた。誰がどんな調査の結果言ったのかわからない。しかし、2010年、徳之島で分蜂しているのを新聞記事で見て、生息していることがわかった。それでは奄美大島はどうなのかと思い、調べに行った。そこにも加計呂麻島にも居たのである。喜界島の友人の話では、以前父親が飼っていたということである。

　ところが2011年になって、ニホンミツバチが寒冷変成を受けているのであれば、暖かい奄美大島のは台湾系、すなわち大陸系のままではないかという疑問が起こり、再び出かけて調べたのである。その結果を2011年秋にDVD付きで出版するこの本に載せたいとも考えたのであった。幸い（？）、奄美大島の友人から、暑さで巣板が融けて落ちたという情報が入った。私は8月21日に出かけたのである。

　結論を言うと、奄美大島のは48ミリで本土のものと同じであった。最初計測を誤り、奄美の人たちのは、大陸系と言ってしまい、ご迷惑をおかけした。

　家に帰ってからあらためて時間をかけて計測をしてみたが、平均を取るとニホンミツバチと見なしたほうがよい、という結論に至った。

　しかし、奄美は本土から離れているので、ニホンミツバチであることが不思議である。巣房のサイズだけで結論を出していいかどうか、DNA鑑定が必要であろう。

　実は、私が来島するというので、ついでに、この蜂の増やし方について講演を頼まれていた。私は、ハチを増やすのは蜜源次第であることを主題に話をした。会場に着いてみると100人以上の聴衆で埋まっていた。私もつい熱が入り、2時間、パワーポイントを使って話をした。

　このとき、十分に確認もしないまま、奄美のトウヨウミツバチはニホンミツバチとは違うと断言してしまったのである。

講演の後、お世話になった人たちと語り合っていて、次の問題が浮上した。屋久島のトウヨウミツバチはどうなのか、という問題である。

この島には固有種が多い。奄美と屋久島の間には動植物の種類を分ける大きな線があると以前から言われている。渡瀬線である。ミツバチも奄美のものとは違うのではないかということが話題になった。屋久島に知り合いがいる人が、トウヨウ

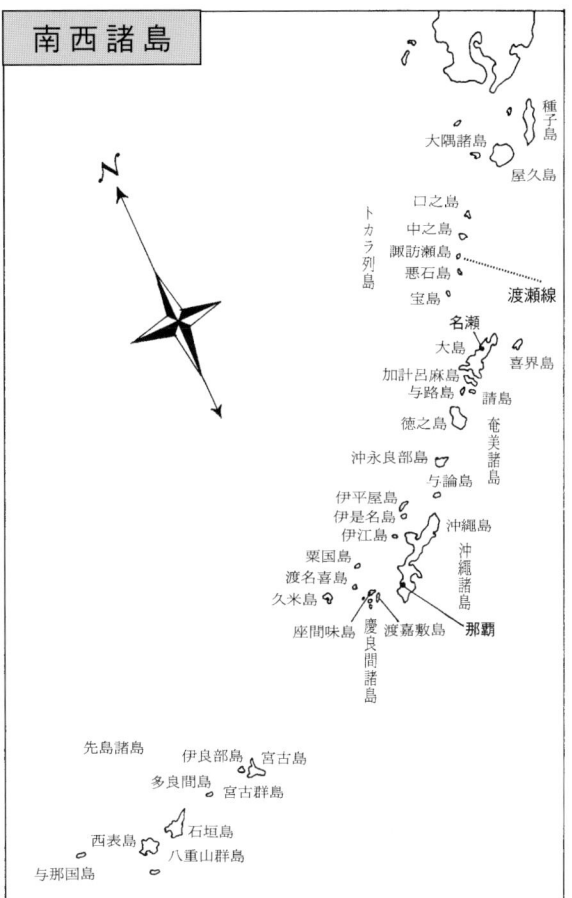

ミツバチを飼っている人を探した。そしてある人にたどり着き、調べてもらうことになった。その人の言うことには、世界遺産なので勝手に自然巣はいじれないが、飼っている友人がいるので、できるだけの協力はしたいという返事であった。

ところが９月28日に突然、巣板が送られて来た。意外にも送り主は鹿児島県霧島市の人で、屋久島の友人のハチが倒れたので巣板を送ってもらい、転送したとのことであった。私が熊本で講演をしたとき屋久島の話をしたが、そのとき来ておられたのである。

結論を言うと、10個の巣房の長さは48ミリで、本土と奄美の48ミリと同じであった。固有種とは言えないかもしれない。ＤＮＡ鑑定など

25. 奄美大島の椎の花

さらなる確認が必要であろう。

　奄美大島の話に戻るが、判明した別のことを述べておきたい。奄美大島にはオオスズメバチがいない。講演会場で尋ねてみたが、どうやら本当のようである。

　台湾にはいるのに、なぜいないのか。考えられるのは、大雨で巣が水没したか、流されたためではなかろうか。

　ここで心配になるのは、もしセイヨウミツバチが逃げ出したら野生化しないかということである。しかし、トウヨウミツバチがいるところでは、ダニをうつされるので生息できない。

　では、奄美のミツバチは天敵がいなくて増えすぎないのか？　私の講演の主題はどうしてこのハチを増やすかということであったが、増えすぎることを心配する必要はない。この島は大きいが、山が険しすぎて、平地が少ない。繁殖期に必要な蜜源になる雑木は十分にあるが、平地に生える雑草が少ないので、蜜源の開花が安定しないのである【写真25】。ハチを増やすためには、菜の花やソバなどの蜜源植物を意

識的に植える必要がある。そのことを講演では強調した。

　もう1つ疑問が生まれてきた。奄美大島と台湾にはトウヨウミツバチがいるのに、その中間にある沖縄島にはいない。

　ヤンバルの森の植生は奄美大島の森とほとんど同じであると聴衆の一人が教えてくれた。すなわちミツバチが育ててきた森であると思われるのである。その育ての親を、長崎県の島々と同じように、人間が絶滅させたと思われてならない。ヤンバルの森を換金用の木炭製造のために切り払ったことがあるのではないのか？

　将来的にはこの島にもトウヨウミツバチを復活させなければならないであろう。すでに持ち込まれているとも聞く。

北海道

　北海道の農業は九州各地で越冬し繁殖したセイヨウミツバチによって支えられている。例えば長崎県の福江島で繁殖したハチは春には3台の大型トラックで3昼夜かけて北海道に運ばれる。ハチたちは秋までは働くが、その後は寒さで生き伸びることはできない。

　しかし、もしこれがニホンミツバチであれば、北海道の冬を越せるのではないだろうか。北海道に現在生息していないのは、そこが生息に適していないからではなく、津軽海峡を越えられなかったからではなかろうか。ニホンミツバチがトウヨウミツバチ原種より身体が大きくなったのは寒冷地に適応するためだったと思われる。ニホンミツバチは1塊りの蜂球を作り、子育てに適切な温度を発生できる。

　どなたか移殖を試みる方はおられないだろうか。試してみる価値があると思う。もし成功したら、九州から毎年セイヨウミツバチを運ぶ必要がなくなるし、北海道の農業に計り知れない恩恵をもたらすはずである。

4 ニホンミツバチは人に馴れる

　昆虫が人を識別し、人と友だちになるなど【写真26】、最初気づいた時は信じられなかった。そのあと他のハチでも試してみたが、オオスズメバチも人に馴れることがわかった。コガタスズメバチも少し時間はかかるが、馴れる。いつも顔を合わせているとこちらの匂いを覚えるらしく、近づいても全く動こうとしない。

　道を歩いていると、オオスズメバチやニホンミツバチが目の前にやって来たり、肩にとまったりする。ミツバチの巣箱に近づくと独特の匂いがする。その匂いが私の衣服に沁みているのではないかとも思える。

　しかし、人を個人識別することを考えると、やはり個人の匂いを覚

26．ニホンミツバチは人を覚える。

えていると考えざるを得ない。他のハチは、私の知っている限りでは馴れない。セイヨウミツバチなどは何年飼っても飼い主を覚えない。

巣門に手をかざす

馴らし方は、巣門に静かに手を置き、そのまま待つだけである。この場合、手は洗っておいたほうが良い。タバコを吸う人や、女性だとお化粧の後とかは馴れるのに時間が掛かる。

巣門に置かれた人の手が気になって〝守衛〟が指先を触覚で触りに来る【写真27】。こちらが指を動かさないと敵ではないと判断し、それが一瞬にして全群に伝わる。そのあとは指に乗って来る。1匹の〝守衛〟が乗ると後は次々に乗って来る。それが友だちになった合図だと思ってよい。

人気のないところに置いていても、いったん友だちになると1カ月

27. ニホンミツバチの馴らし方。巣門に指を寄せ、じっと待つ。

28. 中央やや下の大きな蜂が女王蜂

くらいは忘れない。1カ月後に行ってみると、巣門にざわめきが起こるが、5〜6秒立ち止まると静かになる。思い出すようである。

最近私は面布を被ったことはない。ニホンミツバチは危険が迫ると一斉に羽を震わせ、警戒信号であるシヴァリングを起こすが、最近はそれも聞いていない。

私が巣門を眺めていると、女王蜂が〝侍女〟に付き添われて出て来たりする【写真28】。女王は脇腹をくすぐっても無関心を装っている。〝侍女〟たちが女王を私にお披露目しているように思える。

人に助けを求めるニホンミツバチ

オオスズメバチに襲われると数匹が飼い主の所に知らせに来る。悲しそうな羽音でやってきて胸や腕にとまる【写真29】。これはどの群も行うので、DNAに刷り込まれた行動であろうと思う。

オオスズメバチはアジア全域にいるので、人とトウヨウミツバチとオオスズメバチはよほどの昔から進化を共にしてきたのではなかろう

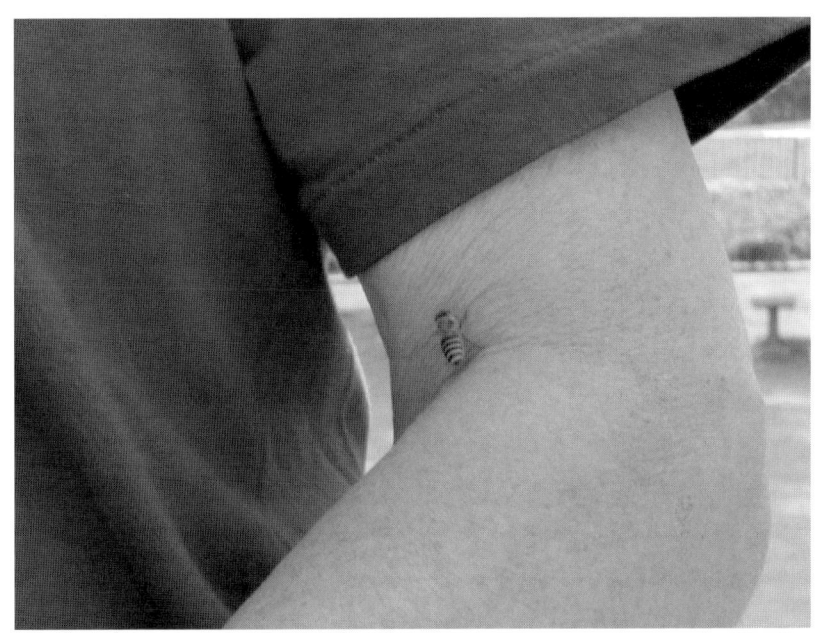

29. 飼い主に助けを求める。

30. オオスズメバチも人に馴れる。

31. 台湾のトウヨウミツバチ（台湾蜂）も人に馴れた。

32. 台湾蜂。ラ式で飼われていた。

33. 分蜂球に頬ずり。

34. まずは馴らす。

35. それから袋に入れる。

か。
　この３者が進化の過程でどのように絡み合ったのか、私の推測であるが考えてみたい。
　これはトウヨウミツバチとオオスズメバチの命をかけた戦いの結果であろうと思う。トウヨウミツバチがオオスズメバチ１匹に襲われても負けない方法は、よく知られている集団による熱殺方式である。しかしオオスズメバチはそれで引き下がるわけではない。集団で防御されたら集団で襲えば良い。体重が20倍あるのだから勝てるのが当たり前である。
　この場合ニホンミツバチが勝てるただ一つの方法は人に助っ人を頼むことである。そのことがＤＮＡの中に刷り込まれているとしか考えられない。
　セイヨウミツバチはオオスズメバチに攻撃されると、近くにいる人を攻撃する。人も攻撃側と思うのである。ニホンミツバチが人を味方と思うのには、進化の力が働いたからと考えざるを得ない。そのこと

36. そして、巣箱に移す。

を証明する方法はないかもしれないが、2種のミツバチの振る舞いはまぎれもない事実である。

　トウヨウミツバチとオオスズメバチが昆虫の中ではずば抜けて利口であるが、それは言葉と意思疎通の手段を持っているために集団思考ができるからと思われる。

三つ巴の進化

　進化の歴史の途中で人が出現し、アジアに進出し、ミツバチのミツ

37. 何か、作業をする前には必ず馴らす。

38. それから、作業にかかる。

39. 私と遊ぼうよ！

40. ちょっと、多すぎる〜う。

41. もう降りてね。巣箱へお帰り（そっと、吹いてやる）。

を採取することで、トウヨウミツバチとオオスズメバチの間に割り込んできた。この人間の出現にトウヨウミツバチは活路を見出したのである。ミツを提供する代わりにオオスズメバチから護ってもらうことを思いついたに違いないのである。

　こうなったらオオスズメバチも人間対策を考えなければならない。オオスズメバチにはミツのような〝質草〟がない。そこで採った方法は、無駄に人間を刺激しないで、できるだけ人と良い関係を築く。もし害を加えてきたら死ぬ目に遭わせる、である。

　オオスズメバチも人に馴れるが【写真30】、このように考えるとオオスズメバチの振る舞いも理解できる。

　この２種のハチは、単なる昆虫だと侮ってはならない。おそらく、犬や猫より利口ではないだろうか。

　台湾のトウヨウミツバチも人に馴れる【写真31】。巣枠を省いたセイヨウミツバチのラ式の箱で飼われていたが、蓋を上げて巣板を１枚いただいた【写真32】。飼い主は私のやり方を見ていて言葉を失い、

目を丸くした。トウヨウミツバチが人に馴れるということは、まだ世界にも知られていないようである。

　フィリピンで経験した小型のトウヨウミツバチ（学名・インドミツバチ）も人を識別した。このことは私の前著（『ニホンミツバチが日本の農業を救う』〈54ページ〜〉高文研刊）で触れている。崖下に1枚巣板で営巣しているオオミツバチ（トウヨウミツバチの亜種）も人に馴れるのかもしれない。もしそうなら、やり方を変えれば刺されないで採蜜できるはずである。

　ニホンミツバチの分蜂球も、元の巣箱にいるときに馴らしているとおとなしい【写真33】。馴らしてしまうと、いろいろの場面で便利である。分蜂群を収容する時も騒がないし【写真34〜36】、オオスズメバチ防止器を取り付けるなど作業をするときも楽である【写真37〜38】。遊び相手にもなる【写真39〜41】。採蜜も素手、素顔で行える。

　自宅の庭で飼うハチは家族全員と馴らしておくことを勧める。どんなことで家族が巣箱に衝突するかわからない。また、夏の夜は灯りに来ることがある。それを叩き落とすとき、馴れていないと反撃して危険である。

5　分蜂

農薬避難場所

　2011年は私にとって不運な年であった。2009年の分蜂期後には、長崎県北部の松浦半島で、70キロメートルにわたって40カ所の蜂場に110群の群を持つに至っていたが、2010年の冬を越せたのはたったの3群であった。すべて佐世保市内かその周辺に孤立して1群ずつ置いている群だけであった。農作地帯に置いていた他のすべては農薬で死滅させられたのである。
　2011年の分蜂期に向けて私は、40カ所の蜂場に加え、15カ所に新たに待ち箱を置いて回った。その結果、私の3群の分蜂の他に待ち箱に入って来たのもあって、現在12群になっている。それらを4カ所の蜂場に分散した。農薬の影響のないと思われるところを、自宅の庭も含めて選んだのである。その4カ所も本当に安全なのかどうかはわからない。農薬散布地の風下になったら、何キロ離れたら大丈夫なのか不明である。
　ビデオは、それらの避難場所で避難先の人たちの協力を得て撮られたものである。

麻有ちゃんのこと

　このビデオに出てくる麻有ちゃんは、これら避難場所の1つである野元家の三女、小3の女の子である。この場所は佐世保市を取り囲む山の山腹にあり、西側には高校があり、東側は深い森につながり、北は住宅街である。農薬の大規模な散布は考えられない。野元さんは私の友人で、有機栽培を行っている兼業農家である。ニホンミツバチの避難場所の一つとして昨年の秋から裏庭にハチを置かせてもらってい

るのである。

　現在、残留効果の長い、高性能化した農薬を避けるのに適した場所は滅多に見つからない。

　私がニホンミツバチを扱うのを見ていて、麻有ちゃんはことのほか興味を示すので、扱い方を教えることにした。このビデオはその時の映像である。

　麻有ちゃんは私に言われた通りにしている。先ず、巣門に指を近づけると２匹の〝守衛〟がやって来て触覚で指を調べている。麻有ちゃんは日常的に巣箱の近くに来ているので、ハチたちは麻有ちゃんの匂いを既に知っていたためと思われるのであるが、あらためて馴らすのに時間が掛からなかった。

　麻有ちゃんの指が動かないので、敵ではないと再確認した。〝守衛〟の判断は同時進行で群全体に伝わる。すると平気で指に乗って来るのが現れる。その瞬間を境にして、麻有ちゃんはハチから完全な仲間と思われ、どんなことをしても刺されなくなる。ビデオのように巣箱の中に手を入れても、棒切れで掃除をしても大丈夫である。

分蜂開始、素手・素顔での分蜂群収容

　麻有ちゃんが巣箱の掃除などを終えたとき、偶然にも、その群が分蜂を始めた。幸運であった。分蜂の場面も撮影できたし、蜂球への「頬ずり」【写真33、35ページ参照】も、巣箱への素手・素顔による収容も撮影できた。私はこの群がここに来る前からの付き合いであり、既に完全なハチの家族の一員である。

　ここにいる他の人たちはまだ完全な家族の一員にはなっていない。顔に体当たりをされている人もいる。しかし、巣箱の近くにいるだけで少しずつ覚えられてゆく。巣門に手を置いたら一挙に覚えてもらえる。

　初めて見る人は「信じられない」と言うかもしれないが、これは手

品ではない。特別に仕掛けがあるわけでもない。「可愛い」という気持ちを持って優しく接するなら、ニホンミツバチもそれに応えてくれるだけである。

コミュニケーションと討議

　この分蜂群【写真42】は、前述の分蜂群と同じ巣箱から２回目に分蜂した群である。同じ場所に下がっている。大型の分蜂球ではないが、ハチたちが整然と並び、落ち着いている。こんな蜂球は女王が優れていて、将来、強勢群になる。

　分蜂球の大きさには大小あるが、大きいのが将来、生産性も良いとは限らない。一般的には最初に分蜂する母女王の群は大きく、その年の１年間はミツをよく貯める。しかし、娘女王の群の場合、群の大きさは女王の産卵力とは関係ない。

　この写真の群は、２回目に分蜂する長女女王の群である。群は小さいが２カ月後には強勢群になった【写真43】。

　私はこの蜂球を見てすぐに近くの空き巣箱を見た。どの巣箱にもこの球から捜索蜂が行っていなかった。遠くに新しい居場所を探しに行っているのである。分蜂する前から、遠くに新しい住処を探すことに決めていたのである。分蜂群の２割くらいが、自分たちのいる蜂場に置いてある空の巣箱を選ばない。

　放置すると遠くに逃げられる。遠くと言っても数百メートルから１キロ前後である。いったん逃げられたら、その群を見つけて回収するのは難しい。私は巣箱に収容することにして準備を始めた。

　しばらくすると、球の下方で１匹がダンスを始めた【写真44】。周りのハチがそのダンスに呼応しようとしている。よく見ると、その１匹は真下へお尻を振りながら一定距離進み、戻って来ては同じことをしていた。花蜜のありかを教えるときのやり方と同じ方法をとっているはずである。太陽の方向を真上として、その方向と新しい居場所の

候補地との角度をダンスで知らせているに違いないのである。

　このハチの踊りの方向は太陽の方向とは逆方向である。北の方向である。そこまでの距離は直線上を踊る距離に比例する。このハチの場合、そう遠い距離ではない。隣の森を抜けると墓地があるが、どうやらそこに候補地を見つけたらしい。そこの墓に入られたら回収が難しい。

　周りにいる外勤のハチがその教えられた方向に確認に行き始めた。そのため、そこの部分が欠けたようになった。

　確認に行って自分も気に入ったら帰って来て同じダンスをする。気に入らなければ踊らない。こうして同じ方向に踊るハチが増え、新しい居場所が決まり、移動する。

　もし、別のハチが違っ

42. やや小さめの蜂球。長女女王の群れ

43. 2カ月後には、4段一杯の強勢群になった。

44. 球の下方でダンスを始めた。

た場所に良いところを見つけたら帰って来て、その方向に踊る。踊る方向が2組できるわけで、どちらも踊り手が増えていく。見つけた場所の方向が3カ所なら3つの方向の踊りができる。そして最終的には多数決で決まる。多数が少数を巻き込み、最後は蜂球の上方にいる全体のハチたちを巻き込んで同じ方向に踊るようになる。そのようにして全体が意思統一をして蜂球を解き、その方向に飛んでゆく。

　新しい居場所が4～5分ですぐに決まることもあれば、半月しても決まらないこともある。居場所が全く見つからないこともあるし、候補地が多すぎて比較検討に時間がかかったりすることもある。時にはその間に長雨になったり、寒波が来たりして動けなくなることもある。そんなときは、飢餓に襲われ、地面に落下して死滅することもある。

　急がないと飛び去ると思い、私が収容しようとしていると、もう1匹が別の方向に踊り出した。これからこの2つの場所を比較検討することになる。

　私はこれまで何回もこのような場面を見てきていたので、大して珍しいことではなかった。逃げられるのを恐れるばかりに、私は急いで巣箱に収容し、別の蜂場に持って行ったのである【写真43】。

　それが今でも悔やまれてならない。逃げられることを覚悟して、最後まで、2つの踊りに決着がつくまで、すなわち、新しい住処に向かって飛び立つまで撮影を続けるべきだったのである。またチャンスはあると自分に言い聞かせたが、そのあと、ついにその機会は来ていない。世界初の映像になったはずだったのに。

　ニホンミツバチは、何か行動計画を立てるときは、討議を行い、最後は多数決で決める。女王蜂が決めるのではない。例えば、猫が10メートル以内に近づくと、最初にその匂いに気づいたハチが「用心せよ」という警報を体毛を通じて出し、それは一瞬にして全群に伝わる。別の蜂が「この匂いは以前嗅いだ事がある。危害はなかった」という安

45. 遠くへ行くつもりの分蜂球。表面が、ざわついている。

全信号を出す。ネコが近くまで来ると「なぜだ？」と言い、遠ざかると「大丈夫」と言う。ハチたちは常におしゃべりをしていて、常に意思統一がなされている。このハチたちも巣内にいるときに、離れたところに新しい居場所を探すことを意思統一していたのである。司令官がいるわけではない。個々のハチが、特に外勤のハチが意見を出して多数決で決め、その多数意見に意思統一をして巣箱を出てきている。

　さらに、新しい居場所探しも、地形を知った蜜集めをする外勤のハチたちによって捜索と討議と決定がなされる。地形を知らない内勤のハチたちは捜索と決定を外勤のハチたちに任せて、自分たちは蜂球を支えている。そして最後の段階では、多数が少数を巻き込み、内勤のハチたちも同じ方向に踊る。そのことで全群が意思統一をし、行動に移す。

　しかし、蜂球の中には生まれて間もない若いハチもいるので、気温が18℃以上でないと新しい居場所には飛び去らない。そんなとき、移

動は翌日になる。

群の拡散

　ＤＶＤで３つ目になる蜂球のこの群は、野元家とは別の避難場所である私の家の庭に置いている群が分蜂をして、柿の木に下がった群である。前述の野元家の群【写真42】よりさらに遠くへ行くつもりで分蜂した群である【写真45】。普通、分蜂群は枝に集まると、だんだん静かになるが、静かにならない場合がある。女王蜂が巣箱を出て来ない場合と、遠くへ移動するつもりで分蜂した場合である。最初みたときはどちらなのかわからない。

　どれほど遠くまで行くつもりか。彼女らの集蜜行動半径の２キロより遠い場合もある。ビデオでは表面のざわめきが良く見えるはずである。分蜂する前に遠くへ行くことを決めて巣から出てきている。この場合、新しい巣を既に見つけているわけではない。とりあえず遠くへ飛び、再び別の枝に集結し、そこを拠点に新しい巣を探すのである。

　もし最初の巣から２キロの所に集結し、そこから元巣とは反対の方向に、例えば２キロの方向に新しい居場所を見つけたとすれば、最初の巣から４キロの距離になる。そう考えると、彼女らは遠くに拡散できることになる。

　分蜂球が落ち着かないのは、女王蜂が巣箱から出て来ないのが理由の場合もある。女王蜂にまだ心の準備ができていないのである。生まれてから時間が経っておらず、飛揚力に自信がないのかもしれない。働き蜂の数10匹が巣箱の前に戻って、ホバリングをしながら女王に巣から出るように促す。促されて女王蜂は出てくることもあるが、出て来ないこともある。出て来ないと、枝にいるハチたちも巣箱に戻る。そしてその日の午後か翌日再度分蜂する。

　私としては、この球が遠くに逃げることがあることを予想して準備しておくべきだった。即ち、分蜂群が落ち着かない時の準備として、

収容すべき巣箱の巣門をメッシュで閉鎖し、脚立を準備するなどしておくべきであった。

　この時は取り逃がしてしまったのであるが、こんな蜂球を見たら元の巣箱の巣門前を見て、女王を励まそうとホバリングをする蜂がいなければ、女王が分蜂球に入ったと判断して、急いで収容し、2キロ以上離れたところに持って行くべきである。そして取り残されたハチも後で捕え、そこへ持って行く。

　あるいは、捕えた群の巣箱の巣門を網で閉鎖し、そのままそこに置く。夜には取り残されたハチは巣門に集まるので、巣門を開けてやり、中に入れ、再び巣門を閉鎖する。そしてその巣箱を夜の間に2キロ以上離れた所に移す。

　持って行くところがない場合は、そのまま2昼夜そこに置く。そうすると、ハチたちは遠くへ行くつもりだったことを忘れる。その場合、霧吹きで巣門に水を吹きかけ脱水症状になるのを防ぐ。

　ニホンミツバチは過密になることを避けるために群を拡散する。一カ所に多くの群を置くと必ず逃去する。ハチたちはどの方向の土地が過疎であるか知っている。ニホンミツバチが生息していない島に移すと、3年目には全島に散ってしまう。驚嘆すべき能力である。このハチは、気に入らない場所に我慢して住み続けることはない。家畜として人の支配下に置くことはできない。あくまで自然の中で生き、人とは対等の立場である。

　セイヨウミツバチはどんなに過密になっても逃げ出さない。言葉が足りず移転を組織できないと思われる。黙って餓死するだけである。そうさせないために給餌は必須である。給餌抜きのセイヨウミツバチ養蜂はありえない。

巣門の高さ

　映像は、巣門が低く、雄蜂が出入りできないので、働き蜂がかじって広げようとしているので、私がナイフで削ってやることにしたが、巣門の高さが６ミリ必要な理由を示している。５ミリあったら働き蜂は出入りできるが、雄蜂と女王蜂はできない。それで働き蜂がかじる。

6　採蜜

洞禅寺

　採蜜に関しては文章で説明するよりは、ビデオを見ていただければ解ることだと思い、ここでは何も述べないつもりだったが、それでは不親切な面もあることに気づき、最小限のことは説明しておくことにした。

　ここは山間にある小さな町の洞禅寺という禅宗のお寺で、大僧正が私の家内と同級生で、ニホンミツバチを昔から飼っている。現在は私の作った巣箱で飼っている。この日はミツを採ってくれと頼まれて出かけたのであった。

　その日偶然に、テレビ局のカメラマンであった友人が来ていたので、ついでにビデオを撮ろうと思いつき、彼を伴って出かけた。

　幸運が重なったのであるが、このお寺は学童保育も行っていて、ここに映っているこれだけの子どもが巣箱の周りに、見物にやって来た。私が一人で採蜜するつもりで出かけたのだったが、子どもにやってもらうことを急きょ思いつき、このようなビデオが仕上がったのである。

　この子どもたちは、常々、蜂の巣箱には近づかないように言われていたようであるが、私は、「ハチは刺すもの」という先入観を払しょくしたいとの気持ちもあった。

　人間以外の動物は絶対に人を騙し撃ちにするようなことはしない。いったん手に乗って来て情愛の信号を出したあと刺すことはない。こちらが間違って踏みつぶしたりしても、〝守衛〟が顔の前に来て、ブンブン羽を鳴らし、「やめて！」と言うだけである。

素手・素顔の採蜜

　ビデオの中での説明と重複するかもしれないが、ポイントだけ説明する。

　前もって準備するものは包丁だけでよい。できるだけ薄く、巾は広く、長いほうが良い。ウェディングケーキを切るナイフが、市販されている中では一番良い。

　時期は普通は年1回、10月上旬に採蜜するのであるが、環境が良いと初夏にも採れる。前年からの越冬群だと梅雨入り1週間前、今年分蜂の強勢群だと梅雨明け1週間後である。

　営業養蜂を行う覚悟で、蜜源作物を栽培し、年間を通じて流蜜があるようにすれば、1つの群から45日毎に採蜜できる。壱岐の島ではすでにそれを実施している。しかし、夏の気温の高い時は巣板が柔らかくなっていて、少しの衝撃で落下する恐れがあるので、涼しくなるまで待ったほうが良い。

　採蜜に取り掛かる時はまず、4段がミツで充満していることを確認する。4段が充満しているときは、上2段にミツが貯まっており、1段を切り取っても、あと1段ミツが残っているということである。ついでに言うと、その下に花粉域があり、最下部に幼虫域がある。すこし持ち上げてみる。充満していたら持ち上げきれないほど重い。次に蓋をとって中蓋のスリットから中を覗く【写真46】。蜜巣房に蓋が被っているはずである。ハチが多くて中が覗けないときは、まだ濃縮作業をしているわけで、採蜜には早すぎる。重いのに空の巣房が見えるようだと、最上段のミツを消費したのである。構わず採って良い。

　3枚並んだ中蓋を重箱から切り離すと、ハチたちは下に降りてくれる。せっかく降りてくれたのに最上段の重箱を切り離さないでいると、ハチたちは上がって戻って来る。そうなると再びハチに降りてもらうことはできない。降りてくれるのは1回きりである。

切ってみて、巣板にミツが充満していたら大丈夫である【写真47】。まだミツが十分に溜まっていないで巣板が空のとき、あるいは花粉や幼虫を切っているときは、蜜域をすべて取り上げることを意味するので、切り離した重箱を元に戻さなければならない。それをしないとハチを餓死させてしまう。

新しければ空巣板であっても戻さなければならない。人には無価値でもハチには大事である。戻すとハチが1日で元のようにつないでくれる。しかし、もし切った重箱の巣板が古ぼけていたら、元に戻さず、巣板更新させるつもりで取り除く。

46. 蓋を取って、中を確認。次に中蓋を切る。

47. 良い蜜だ。

巣板ミツ

白くてきれいな巣板付きのミツが採れるのは、1つの巣箱の最初の採蜜のときだけである。ミツを絞るのはもったいない。そのまま食すべきである。

7　ミツの濃縮

発酵対策

　この問題は養蜂にとってとても重大な問題である。採ったミツが薄いと発酵する。発酵させたら食用に適さない。ミツの糖度が79度に満たないと発酵する。この問題を克服しないと養蜂はやれない。

　湿度が高いとハチはミツを十分に濃縮できない。梅雨時など湿度は90％以上になる【写真48】。こんな湿度の中でハチは糖度を70度に上げるのが精いっぱいである。これまで濃縮の技術がなかったので、（真空方式はあるが、個人で大型の真空容器を作るのは難しい）、ミツに熱をかけて、発酵の原因である酵母菌を殺してきた。ミツを沸騰させることすらしてきた。

48．梅雨のある日。湿度計は、92.5％を示した。

気密室・乾燥剤・除湿器

　熱をかけずに糖度を上げる方法は簡単な原理である。気密容器の中にミツを入れ、乾燥剤で水分を抜けばいいのである。気密が保てればどんな容器でも良い。冷蔵庫やロッカーが利用できる【写真49】。ロッカーの場合、合わせ部分の隙間は帯状のマグネットでふさぐ【写真50】。

　ニホンミツバチによる生業化が試みられている長崎県の離島ではいろいろの方法が試みられている。乾燥剤、除湿器、結露現象利用、真空方式などであるが、乾燥剤を使うのが一番手軽である【写真51】。乾燥剤の量にもよるが、1週間で76度のミツが86度に上がる【写真52】。

実際は82度まで上げれば十分なので4～5日でよい。乾燥剤にはシリカゲルと生石灰（炭酸カルシウム）があり、入手の容易なのは生石灰である。湿気取りとして安価で市販されている。

しかし、離島の中で福江島だけは人為的な濃縮をしない。大気の湿度が下がり、自然にミツの糖度が上がる秋になってから採蜜する。そのため、それまでに9段とか10段に重箱を積み上げることになる【写真53】。10月に入ると採蜜を始め、1週間ごとに1段ずつ上から切ってゆく。

この方式だと、「自然に合わせる」という、いかにもニホンミツバチのイメージに合う飼い方の感じもするが、実は大変である。2週間ごとに重箱を下に履かせなければならず、巣箱を持ち上げ

49. ロッカーを利用している。

50. ロッカーのすき間はガムテープや帯状のマグネットでふさぐ。

51. 入手しやすい市販の乾燥剤を利用する。

52. ちょっと値ははるが、糖度計があると便利。

るのが大変である。採蜜も大変である。自分の背丈より高いところを採るのである。

　私自身は、重箱は4段までで、特例として5段までと思っている。重箱を積み上げると、ハチは歩いて登る距離が大きくなり、最上段まで上がりたくないのか、その段は古い巣板が朽ちかけていることがある。ハチはもう充分な蓄えはあると思うのか、働きをセーヴする。

　4段が充満したら採蜜し、糖度が足りなければ濃縮したほうが良い。そのほうがハチもよく働き、巣板の更新にもなり、結局、ミツの収穫も増える。ただ、上述したが、気温が高いと難しい。

　私はニホンミツバチの待ち箱に入って来たセイヨウミツバチを、そのまま重箱式で飼い、採蜜し、濃縮したことがある。それを蜜の味にうるさいレストランのオーナーに味を見てもらったら、絶品だと褒められた。

　セイヨウミツバチのミツが不味いのは熱をかけているからでもある。40℃以上の熱をかけたら味は落ちる。熱をかけずに糖度を80度以上にできたら、倍の値段を付けてよいと思う。簡単なことなのに、いまだに世界でそれが実施されていないのが不思議である。

アジア諸国のミツ

　先日、知人がラオスに行った折、現地のトウヨウミツバチのミツを入手してきてもらったが、3種の亜種（オオミツバチ、トウヨウミツ

53. 福江島では、秋まで重箱を積み増していく。6月で、もう6段になっている。

バチ本種、コミツバチ）のミツはすべてニホンミツバチのミツと共通する味であった。しかし、すべて変な味が混じっていた。先ず、糖度が低く、70度前後であった。次に焦げ臭く、酸っぱさがあった。発酵を抑えるために火にかけているのは間違いなく、それに酸っぱい味は幼虫も一緒に絞ったからと思われる。養蜂術が確立されていないようである。

　巣箱の写真も見せてもらったが、丸太洞で、丸太の中央に丸い穴の巣門があった。長崎県の多良岳の麓で昔から使われてきた反転式と同じではないかと思われるが確信はない。

　日本でも昔は幼虫をミツと一緒に絞っていた。今でもしている地方はある。さらにそんなミツをインターネットで売っている人もいる。

　幼虫はミツと一緒に絞るべきではないと思う。味が悪くなるし、糖度が上がらないので、発酵どころか腐敗させる恐れもある。

　重箱式であれば幼虫を取ることはないはずである。丸太洞式を使っている地方では、春に採蜜するところは少ないのであるが、全くない

わけではない。そんな所では昔は幼虫も取り、コメに混ぜて「蜂ごはん」を炊いていた。それほど豊かにニホンミツバチが生息していたとも言える。

　幼虫を取るのはミツバチを弱らせることにつながる。蜂洞をやめて重箱式に替えることを勧める。

　湿度の高いアジアで進化してきたトウヨウミツバチにとっても、この糖度の問題を克服するのは大変だったと思われる。梅雨時は蜜巣房の中で発酵するのである。それがさらに時間が経つと発酵蜜が発酵していない蜜に取り替わっている。いったん発酵するとその巣房は膨らむので、そのあと蜜蓋に段が付く。発酵したミツはどこに行ったのか？
　自分たちの食料として食べてしまったのか？　それとも何らかの方法で正常な蜜に作り替えたのか？　これはまだ解明されていない。この謎が解けたら、人も発酵蜜をうまく処理できるようになるかもしれない。

8　巣板の更新

新しい巣房に産卵する

　ニホンミツバチの女王は1度使った古い巣房には原則として産卵しない。新しく作った巣房に産卵する。
　下に向かって巣板は伸ばしてゆくので、巣板の下部で子育てをすることになるが、その巣板を伸ばす余地がなくなると、適当なところを壊して新しい巣板を作るか、スムシが食べた後に作るかして、そこに産卵する。気温の高い夏だと、最上段の重箱にでも新しい巣板を作って産卵することがある。それでも新しい巣房が足りないと、空いた巣房を見つけ、よく掃除をした後に産卵する。
　飼い主はいつも巣門にいるハチに注意を払い、巣板が床まで伸びる前に空の重箱を継ぎ足してやったほうがよい。ハチが巣箱の外壁に集まるときは、内部が暑すぎるときもあるが、巣板が充満したことを知らせている場合が多い。

年に2回巣板を作り変える

　ニホンミツバチは年に2回、分蜂の前と後に巣板を作り変える。
　越冬に入ると、ミツ巣板の下端に集まった蜂球の中の貯蜜を、巣板の下方から消費しながら上方へ上がってゆくが、その際、空になった巣板もかじり取る。そのかじり滓が巣箱の外に出される。気温が低いと、巣門のすぐ外に捨てるが【写真54】、気温が高いとくわえて遠くに運ぶ。巣内の巣板はだんだん薄くなってゆく【写真55】。
　冬が終わり春の兆しが見えると、分蜂の準備に入り、新しい巣板を作り始める【写真56】。
　セイヨウミツバチは古い巣板を壊さず【写真57】、新しい巣板を作

54. いったん出した滓を遠くに運ぶ。

55. 齧られ、薄くなった巣板。

56. 新しく作り始められた巣板。左上方に蜂が多くとりついている。

57. 重箱に作ったセイヨウミツバチの巣。一方向の側板をはずした。

る余地がないと、古い巣板に産卵する。巣板を繰り返し使わせる巣枠式巣箱で養蜂が行える理由である。

カビ対策

　このことをイギリスで発行されているミツバチ学会の機関誌に書いたら、イギリスの養蜂家から「トウヨウミツバチは何故そんな不経済なことをするのか？」という質問が来た。私は、「巣内は湿度が高く、巣板にカビが生えやすく衛生上問題があるからと思われる」と答えた。
　進化論的にみると、トウヨウミツバチが巣板を更新するのは当然と思われる。湿度の高いアジアでは巣板にはカビが生えやすい。乾燥したアフリカの砂漠でならカビの心配がないので古い巣板でも使える。ポイントはカビにありそうである。
　そう考えると、湿度の高いアジアで飼うセイヨウミツバチ養蜂の方法には根底から見直すべき部分がありそうである。カビの生えた巣板を、あるいはカビの生える恐れのある巣板を再度使わせるのは病気の元ではないかと思うのである。
　ニホンミツバチは分蜂をさせた後、2回目の巣板更新を行う。末娘の女王が母女王の巣箱を引き継ぐが、その巣箱は幼虫を育てたため、内部には古い巣板が充満している。それに比べて残されたハチ数は少ない。
　気温も上がって来たのでスムシが繁殖し、ハチの取り付いていない部分の巣板を侵食する。不潔なカビも生える【写真58】。ハチたちはスムシの力も借りながら巣板を壊す【写真59】。
　このとき人が古い巣板を取り払う手伝いをすればハチは助かる。
　群の勢力に比べて巣板の量が多すぎると、ハチたちはスムシの力を借りても手に負えなくなり、逃去ということになる。
　分蜂時に最後に残った群は苦労が大きいのである。倒れやすい。人がそのことを理解して、手を差し伸べる必要がある。

分蜂が終わって4〜5日目に、巣箱を倒して下から古い巣板を掻き出してやる【写真60】。ハチたちは攻撃することはなく、奥へ詰めておとなしくしているはずである。

58. 巣板に生えたカビ。下の2枚が白っぽく見える。

59. スムシの繭

60. 古い巣板を撤去してやる。

9 スムシ

スムシは掃除屋

　スムシに関して、私は従来の説とは違った見解を持っている。スムシはミツバチの天敵と言われているが、私は共生者だと思っている。

　スムシには2種類がある。2種の蛾の幼虫である。羽を横に張った大きいのと、羽を身体に付けた小さいのである。

　スムシ対策は無意味である。巣箱の底に引き出しを付けて床の掃除がしやすいようにするなどの必要はない。ミツバチは〝きれい好き〟で、自分たちで掃除をする。

　ただ、水が床に溜まらない対策だけはしなければならない。水は雨水が入るだけではない。ミツの濃縮活動で巣内では湿度が高くなり、壁が結露し、その水が床に溜まることがある。床が前方に少しだけ傾くようにしたほうが良い。巣箱は垂直に立て、床だけが前方に傾斜した基台を壱岐島では使っている【写真21、16ページ参照】。

10　オオスズメバチ対策

防止器

　私が考案した階段式防止器を取り付けたら、ほとんど100％大丈夫である【写真61】。作り方は、前著『我が家にミツバチがやって来た』〈148ページ〜〉に記した。

　自作するなら鳥かご式もある【写真62】。こちらは製作が少し面倒である。第一に直線の針金の入手が難しい。この部分をテニスラケットのガットで張ってもよい。

　この鳥かご方式は誰でも思いつくことであるが、ほとんどデザインに間違いがある。第一は小さすぎることである。小さいとオオスズメバチは巣門近くまで迫るので、ハチは怖気づいて中に引きこもり、生産活動を停止する。巣門から前面の格子まで15センチは欲しい。側面は網でよいが、下部は目隠しが要る。これがないとオオスズメバチは床

61. 階段式オオスズメバチ防止器

62. 鳥かご式オオスズメバチ防止器

を歩くミツバチに食欲をそそられ、いつまでも離れようとしない。ミツバチとしても傍でオオスズメバチが睨んでいると怖気づく。

　天井は匂いが抜けないように、透明の板にする必要がある。網にすると、匂いがもろに上がって来るので、オオスズメバチはそこに集結する。不透明の板にすると、今度はミツバチが装置全体を巣箱の一部分と思い、装置の先端に前進位置を取る。側面は網にしているが、風通しを良くするためである。ここにオオスズメバチは止まるが、垂直面は止まるのに疲れるので長くは居ない。

人に馴れるオオスズメバチ

　オオスズメバチも人に馴れることは述べたが、このハチは人を殺す能力を持っているので、敵に回したらとても危険である。ミツバチの所にやって来るオオスズメバチはすべて馴らすべきである。馴らし方は前著で述べている（『ニホンミツバチが日本の農業を救う』〈80ページ〜〉、『我が家にミツバチがやって来た』〈151ページ〜〉）。馴らすと危険性はほとんどゼロになると思ってよい。いったん、敵でないと認めると攻撃しない。メリハリの利いた性格である。

　怖がらせてはならない。怖いから攻撃するのである。人は敵ではないと教え込めばいいのである。最初の出会いが大事である。ゆっくり近づいたり、立ち止まったり、後退したりを繰り返して、時間をかけて馴らす。最初は剣をこちらに向けるが、最後は人がこの蜂の背中を指で触れるようになる。

　私が砂糖水で餌付けしているためでもあるが、私の家の庭には、秋には30匹ほどのオオスズメバチが常駐している。あの低音の羽音も慣れると気にならなくなり、存在を忘れてしまう。しかしそれでも私は常に羽音に耳を澄ましている。どの蜂も常に気分を羽音で表現しているからである。新参者がやって来た時はすぐわかる。羽音のどこかに警戒心が現れているからである。こちらもそんな時は警戒する。

63. 私の持った板に止まったオオスズメバチ。砂糖水をねだっている。

利口なオオスズメバチ

　オオスズメバチは、昆虫の中ではニホンミツバチに次いで利口である。脳の機能はほとんど人間と同じと思ってよい。私は、セイヨウミツバチ用オオスズメバチ防止器を開発していたことがあるが、電気柵のプラスとマイナスの2本の線を同時に踏まないかぎり感電しないことをすぐ学習した。蟹の横這いのようにしながら2本の線を越えるのである。

　人間と同じようにいろいろの感情を持っている。優しくしたら優しい羽音で人に近づくし【写真63】、いじめるとひねくれ者になり、人を見ると断続的な羽音を出す。

　しかし、ニホンミツバチより語彙数は少ない。例えば「助けてくれ」という言葉は持っていない。そのため、1匹が捕まっても隣のハチが救援のため攻撃するわけではない。ここのところはニホンミツバチと

64. 割り箸でつかんでも抵抗しない。触覚は下げているし、針も出していない。

65. 次々に捕まえることも簡単だ。でも、心が痛い！

は違う。昆虫の頂点に立っているので、そんな言葉を覚える必要がなかったのかもしれない。

　焼酎漬けにしようと思うと容易にできる。セイヨウミツバチを襲っているところを割り箸でつまんで、次々に焼酎に押し込んだらよい【写真64】。全く抵抗しない。しかし、それは信頼を裏切ることなので実際はできない。写真はデモンストレーションである。この写真でも、剣は出していないし、羽ばたいていないし、触覚は顔の横まで下げて、全く服従の姿勢である。いったん馴らすと、これほど従順な生き物も珍しい。

　しかし、実際に殺さなければならなかったことはある。友人のところに行ったとき、ニホンミツバチに多数が襲いかかっていた。防止器を取り付けようにも、あいにく手元になかった。仕方なく殺すことにした。先ず馴らしてから割り箸で摘んでリカーに入れたのである。友人は心の痛みで泣いているジェスチュアをしている【写真65】。

　私は以前、教師をしていたが、このハチと付き合うのは、ツッパリ

66. 九州に棲息するスズメバチ。左上の2匹はキイロスズメバチ。その横と右端はヒメスズメバチ。その間と左端はオオスズメバチ。下2匹はコガタスズメバチ。

生徒と付き合うのと似ていると思う。感情の起伏が激しい。ちょっとしたことで怒るが、優しくすると、とてもなついてくる。

　黒いものを攻撃すると言われるが、それは敵対関係になった時の話で、友だちになると何を着ていても関係ない。

　ここで一つ「断り書き」をしなければならない。馴れていないオオスズメバチがニホンミツバチを襲って反撃され、戦闘が始まっているときは近づいてはならない。すごく緊張していて、人をミツバチ側と思い、突撃してくることがある。セイヨウミツバチを襲うときは「お食事モード」であるが、ニホンミツバチを襲うときは「戦闘モード」である。

　ついでなので、砂糖水にやって来た馴染みのあるスズメバチを紹介する【写真66】。九州に棲息しているスズメバチの種類はこれだけである。左上の2匹はキイロスズメバチ。その横と右端はヒメスズメバチ、お尻の先が黒い。その間と左端はオオスズメバチ、身体が大きく、

頭とあごは特に大きい。お尻の先は黄色い。下２匹はコガタスズメバチ、オオスズメバチと色合いはほとんど同じであるが、身体が小さい。

オオスズメバチ以外のスズメバチはニホンミツバチにとって脅威ではない。ニホンミツバチを捕まえるにしても１匹ずつである。逆に捕食者のほうが捕まることが多い。オオスズメバチだけが脅威である。

オオスズメバチの作戦

オオスズメバチは普通１匹で行動しているが、ニホンミツバチの群が弱いと感じたら、巣箱に近づいて観察しているが、だんだん闘争心が高まって来るのか、羽を小刻みに震わせるようになる。そのうち、我慢できなくなり、ミツバチの１匹をねらって巣門まで突進し、サッと捕え、サッと逃げることを繰り返すようになる。捕まえる瞬間に一瞬ヘマをすると、逆に捕まってしまう。

オオスズメバチがニホンミツバチを捕えるときはすごく緊張していて、戦闘モードである。人が傍で見ていても眼中にない。しかしこれは馴らしているオオスズメバチのことであって、馴らしていないと、ニホンミツバチに抵抗されたとき、人に体当たりをしてくる。人間を敵側と思うらしい。

１匹を捕えることにいったん成功すると、再びやって来て、いつまでもそこを攻撃し続ける。やがて、捕まえて持ち去るのをやめ、狩りの効率を上げるために、噛み殺してその場に落とすようになる。途中で攻撃のパターンを変えるこの２段攻撃はオオスズメバチ独自のもので、ミツバチ専用の攻撃法である。

この攻撃法に転換すると、近くの他のオオスズメバチがそれを察知して集まって来て、大殺戮が始まる。このような攻撃法は他のスズメバチは行わない。

その段階まで来るのはニホンミツバチ側が弱いからか、巣箱に弱点

があるからで、例えば巣門が広すぎるとか、巣箱が腐朽しているとかの弱点があるからで、その弱点を突かれて集団で突破され、滅ぼされる。巣箱は砦でもある。

　巣箱が丈夫だとニホンミツバチは籠城作戦に入る。籠城作戦に入っても、オオスズメバチが諦めるわけではない。ニホンミツバチが10月末迄睨み合いをしながら籠城で頑張りぬけるなら、オオスズメバチの繁殖期が終わり包囲を解くので、生き残れる。

　オオスズメバチは相手がセイヨウミツバチだと、容易に捕まえることができると感じた時点で、噛んだだけで落とす作戦に変更し、周りにいる他のオオスズメバチも集結する。セイヨウミツバチは籠城作戦を取らず、個々に突撃して噛み殺され、1時間ほどで全滅する。

　ニホンミツバチは勢力の弱い群から襲われるが、セイヨウミツバチは勢力の強い群から襲われる。

1対1ではニホンミツバチがハチ類の中で1番強い

　九州ではニホンミツバチにとっての天敵はオオスズメバチだけである。九州に熊は居ない。イノシシはいるが、ミツバチを襲わない。反撃されることを知っているからである。空の待ち箱はよくひっくり返されているが、群のいる巣箱は、傍のミミズは掘るが、巣箱には触れない。

　友人が話してくれたことであるが、ある時、ハチのいる巣箱が倒れていたそうである。その傍で、子どものイノシシが死んでいて、よく見ると耳の中にミツバチがたくさん死んでいたそうである。子どもイノシシだったのでミツバチの怖さを知らず、巣箱を襲って耳の中を刺されたに違いなかった。

　ニホンミツバチは本気で襲ったら怖い。一度私は、遠くに置いている群を見に行ったら、巣箱が草に埋もれていた。私は草を刈ろうと鎌

を突き出したら、巣門のハチたちが驚いて一斉に飛び上がった。その
うちの1匹が私の右の耳に飛び込んだ。「しまった、刺される」と思っ
たが、ハチは私の耳の穴から出て飛び去った。耳に入った後、私が友
人であることに気づき、攻撃を中止したのである。
　ミツバチは動物の急所を知っている。本気になったら、耳の穴、鼻
の穴、目などをねらって刺す。

　ニホンミツバチとオオスズメバチが1対1で戦ったら、当然オオス
ズメバチが強いと誰でも思うはずである。しかし、実はニホンミツバ
チのほうが強い。
　菜の花やソバの畑で観察したらわかることである。そこにはミツバ
チ2種と各種のスズメバチがミツを集めに来ている。スズメバチ類も
甘いものを好む。
　オオスズメバチが花に停まっていると、ニホンミツバチが横や後ろ
から体当たりをして、蜜を吸う時間を与えない。ニホンミツバチが花
に停まっているところにオオスズメバチがやって来ると、ニホンミツ
バチは逃げ、反転してオオスズメバチが停まるのを待って体当たりを
する。あるいは茎に停まり、下から上がって行って、オオスズメバチ
の足に噛みつく。オオスズメバチ以外のスズメバチもこのようにして
追っ払われる。
　セイヨウミツバチはオオスズメバチが近づいても逃げようとせず、
捕まってしまう。オオスズメバチが天敵であることがDNAに刷り込
まれていない。
　ニホンミツバチの巣箱の前ででも同じようなことが起こる。オオス
ズメバチが、巣箱に帰って来るニホンミツバチを待ち構えていても、
小回りのきくニホンミツバチは捕まらない。それでオオスズメバチは
飛び出していくハチを捕えようと巣箱のほうに向きを変えると、帰っ
て来るハチがオオスズメバチの頭を後ろから蹴っ飛ばしてから巣門に

10 オオスズメバチ対策

飛び込む。

　砂糖水を屋外で与えているときも似たようなことが起こる。最初はニホンミツバチが集まって飲んでいるが、オオスズメバチがやって来ると、みんな飛び上がる。オオスズメバチが砂糖水を飲み始めると、後ろや横から体当たりをして追っ払い、再びニホンミツバチが砂糖水を独占する。そこにオオスズメバチが戻って来る。それを繰り返しているが、そのうち、オオスズメバチは集団化して勝負がつく。

　オオスズメバチは身体が大きいので砂糖水の消費が速く、直ぐ給餌器を空にする。私は砂糖水がもったいないのでオオスズメバチが独占したら補給しない。

　オオスズメバチは砂糖水を1回で自分の体重と同じ1グラムを飲む。重いので、胃袋の入った胴体を下にぶら下げる形で飛びながら巣に運ぶ。

　ニホンミツバチがスズメバチを見逃すことなく追っ払うのは、DNAに組み込まれた太古からの行動であろうと思う。花蜜を奪われるのを防ぐための行動であろうが、それにしては執念深い。特別にオオスズメバチを敵視しているように思われる。花蜜を奪い合うセイヨウミツバチに対してはそれほど攻撃的ではない。花の中で出会うと、噛みつこうとするだけである。

11　セイヨウミツバチとの違い

〔このビデオは全体で約1時間40分になってしまった。少し長すぎるようである。その中でも、この「セイヨウミツバチとの違い」は25分もある。場面は1つなのに、いかにも長すぎる。半分くらいにしようと試みたが、どこもカットできるところが見つからなかった。さらに、ビデオでは言い尽くせなかったところを以下に述べているのである。この章全体を省くことも考えたが、この章を必要とする人もいるはずだと思い直し、結局、残すことになってしまった。この章は「おまけ」だと思って見て、読んでいただきたい。〕

セイヨウミツバチは元来おとなしい

　セイヨウミツバチは、何年飼っても飼い主を覚えない。採蜜や内検など人との付き合いの中で、ことあるごとに人間不信が重なり、だんだん攻撃的になる。いったん攻撃的になったら、あとで修正が効かない。手荒な扱いを受けると、人を個人識別せず、人間一般への不信を増大させる。分蜂群でも最初から攻撃的なのがいる。元の巣箱にいるとき飼い主との関係を悪化させていたのである。このビデオのセイヨウミツバチもそんなハチだと思われる。どこからか分蜂群が飛んできて、この巣箱に入ったのである。元の飼い主は見当がつかない。

　その点では、ニホンミツバチは逆である。野生でいる時は用心深く、攻撃的であるが、人と付き合うごとに警戒心を解いてゆく。人との間に諍いがあって、荒くなることがあるが、仲直りができる。網を被って、巣箱に近づいたり離れたりを繰り返しながら、巣門の側に行き、手を差し出すのである。最初はちゅうちょしているが、やがて手に乗って来る。握手の印である。一人を覚えると、次の人は割合速く覚える。

友人の養蜂家が、イタリアからおとなしい種類に改良されたセイヨウミツバチの女王蜂を輸入し、その群を立ち上げたと言うので、見に行ったことがある。確かに、ハチたちの動作はゆったりしていた。しかし、やってきたオオスズメバチにいいように蹂躙された。手を巣門に置いて見たが、やはり、ニホンミツバチのように乗って来ることはなかった。

何千万年もの進化の歴史を持った昆虫が、そう簡単に人間の手で改良などできるはずはない。家畜として飼いやすいように改良されてきたと言うが、どの点が改良されたのか私には全くわからない。改良されたのは巣箱で、巣枠式が普及しただけではなかろうか。

67. 遊ぶニホンミツバチ

68. お互いに毛づくろいをするニホンミツバチ

ニホンミツバチは遊ぶことを知っている【写真67】。流蜜の多いとき、ミツを貯めるべき場所がなくなると、外勤のハチたちは仕事がなくなり、近くの空き箱に入ったり出たりしながら追っかけっこをして遊んだり、お互いに毛繕いをしたりして時間をつぶす【写真68】。私はセイヨウミツバチが追っかけっこをして遊んでいるのを見たことは

69. セイヨウミツバチは前脚の力が弱いので、垂直に連なるのではなく、横に広がって蜂球を作る。

70. キイロスズメバチを捕らえたセイヨウミツバチ

ない。

　前著でも述べているが（『ニホンミツバチが日本の農業を救う』〈29ページ〜〉）、セイヨウミツバチは基本的には下を向いてとまる。そのため前脚の力が弱いので、蜂球【写真69】も御覧のようなものに

71. セイヨウミツバチ用重箱式巣箱

なる。小型のスズメバチなら捕えることができるが【写真70】、オオスズメバチを捕えることはできない。

重箱式とセイヨウミツバチ

　私の友人の友人がアフリカに青年海外協力隊員として赴き、養蜂を担当させられたそうである。養蜂の経験がなく、どうしたらよいかわからないという便りが来たと私に連絡があった。写真が付けてあったが、ラ式の巣箱と巣枠が放棄され山積みされていた。前任者はどうしていいかわからないまま、転任したとのことである。器具としてあるのは遠心分離機だけと書いてあった。

　養蜂の経験のない人に、いきなりラ式を押し付けてもどうにもならない。国の予算を使って、杜撰そのものである。

　私はセイヨウミツバチも数年飼ってきているのであるが、アフリカの青年海外協力隊員のために、重箱式で養蜂がやれないかと、2010年と2011年にかけて実験をして見ることにした【写真71】。

　内寸28センチ、高さ15センチの巣箱を作り、それぞれの重箱に巣門を付けた。オオスズメバチは居ないし、暑いところなので通気を良く

するためである。また、精密木工工作機械がないところのために丸太で重箱式も試みてみた【写真72】。

結論を言うとあまり良くなかった。その理由は以下の通りである。

72. 丸太で作った重箱式巣箱

■勢力が強いので段数を上げていかなければならないが、その作業が大変である。

■最上段を切り離すとき、巣板が固く、なかなかナイフが通らない。それに重箱の巾が広いので、適当なナイフが見つからない。

73. 重箱に作ったセイヨウミツバチの採蜜

■ニホンミツバチのように最上段は蜜専用ということはなく、花粉や幼虫も切ることがある【写真73】。

これでは縦長の重箱式が意味をなさない。

実験をやっている間に、セイヨウミツバチは横長の巣箱が合っていることに気づいた。セイヨウミツバチは巣板をニホンミツバチほどには、上から下に、ミツ→花粉→育児とはっきり分けず、むしろ、横長

だと、巣板の高さに限度があるために、1枚の巣板全体が蜜だけという場合が多く、採蜜に際して巣板を切る必要がないからである。

　横長の崖の割れ目などで進化してきたのではなかろうか。

74. 丸太の中をくり抜く。

　古い巣板は放置したまま、新しい巣板が作れたのではなかろうか。もし私の推論が正しいなら、現在行われている、巣板を何回も使わせるやり方はやめたほうが良いということになる。

　果たしてそうなのかどうか、さらに検証必要だと思っている。

　セイヨウミツバチはよく研究されているようで、まだ解らないことが多い。分蜂群がニホンミツバチの巣箱に入ってくるが、なぜ閉鎖空間を好むのか解らない。人間以外の生き物には天敵がいるはずであるが、セイヨウミツバチの本来の天敵は何なのか解らない。このハチが今のような生態を獲得するのにどんな環境で進化してきたのか研究された方がおられたら知りたいと思っている。

　現在、アフリカでは台形を逆さにした形のトップバー式が用いられているが、これが最高ではないかと思うようになった。この形は自然の巣板の形に近い。巣箱の側面の壁は垂直ではなく、下に向かってすぼんでいるので、巣板が固着することがなく、巣板を1つずつ容易に引き上げることができる。

　重箱式はセイヨウミツバチにはなじまないと気づいたので、丸太の重箱式は作ってみただけで実際には試みなかったが、トウヨウミツバチ用としてはどこででも使えるはずである。

　中をくりぬくのは案外簡単である【写真74】。難しいのは、丸太を

75. セイヨウミツバチ用オオスズメバチ防止器

歪みなく水平に切ることである。熟達していないとできない。

　アフリカでは丸太洞でも、ほとんど横長のものであるが、現地で考案され、使っているうちに自然にそれが便利であることに気づかれたのであろう。

セイヨウミツバチ用オオスズメバチ防止器

　セイヨウミツバチに関わる実験をしている間に、私はセイヨウミツバチ用オオスズメバチ防止器を開発した【写真75】。ここにたどり着くのに10年くらいかかっている。やっと完成させることができた。

　従来の防止器は捕獲して餓死させる方式であったが、私は殺さないで追っ払うだけの装置に取り組んできた。

　オオスズメバチをセイヨウミツバチの巣門に近づけない電柵は早くから完成していたのであるが、セイヨウミツバチが自ら前進反撃をして噛み殺されるのを防ぐ方法がなかなか見つからなかった。それがやっ

と見つかったのである。

　工程を簡略化したので、設備が整えば大量生産もできるはずである。

ニホンミツバチを増やそう

　最近、ニホンミツバチを飼いたいという人が増えているのは喜ばしいことである。このハチは家族を覚えるので、乳幼児でも手を巣門に置いて覚えさせておくとよい。人が昆虫と友だちになれるなどとはすばらしいことである。

　この２～３年、農村地帯ではミツバチを飼うのが難しくなった。農薬が蔓延しているために生存できないのである。2010年の末に生き残っていた私のハチは３群で、すべて都市部に置いていたものだけであった。このハチは都市の中ででも、１カ所に２～３群であれば飼える。問題は隣近所が怖がることである。刺さないのだから、そのような世論形成が望まれる。

営業養蜂をニホンミツバチに転換すべきである

　「営業養蜂はセイヨウミツバチで、ニホンミツバチは趣味で」という固定概念を変えなければならないと思っている。何をもって営業にはセイヨウミツバチが優れているというのか。１群あたりのミツ生産力が優れているのは確かであるが、それは大した長所ではない。すでに述べたが、ミツの総生産は、ニホンミツバチの設置密度を上げれば同じになるのである。

　もう１つセイヨウミツバチの長所として挙げられていることがある。それは女王蜂の人工増殖が可能なことである。ニホンミツバチではそれは不可能である。ニホンミツバチは幼虫の育児を、自分たちの体温の保てる蜂球の中で行うため、人工王台を巣の中のあちこちに取り付けても、それを育てようとはせず嚙み切って落としてしまう。人の意のままにはならない。

ところがセイヨウミツバチは、どこに人工王台を取り付けても、どれだけ多く取り付けても、それらを女王として育てる。アフリカの熱帯で進化したため、自然の気温で子育てをするからである。この習性のおかげで女王蜂の人工増殖が可能である。
　しかし、そもそも何のために女王蜂を増やすのか？　いくら女王蜂を産出しても働き蜂が足りなければ王国は成り立たない。
　女王蜂の人工増殖を行うのは通常の群を増やすためではなく、イチゴハウスなど温室栽培用の小さな、短命の群を増やすためである。温室内での開花時だけ働かせればよい消耗品としての群を増やすためである。
　これは農業の工業化である。このような農業のあり方も、そのようにして栽培された作物の需要があれば認めなければならないであろう。その限りではセイヨウミツバチの存在価値はある。
　しかしこのような作物の需要は消費者の無知の上に成り立っている。ハウス栽培作物のほとんどは農薬漬けである。栽培者自身は怖くて口にしないものである。こんな農業の手助けはミツバチにやらせたくはない。
　日本で、いや、アジア全域で、営業養蜂もセイヨウミツバチをやめてトウヨウミツバチに替えたほうが良いと思っている。
　私はこの度、「ニホンミツバチ養蜂開発センター」なるものを立ち上げることにした。このハチを本来の生息地でもっと活躍させるためである。

おわりに

　私のニホンミツバチとの付き合いは20年を超えた。この間、このハチから多くのことを学んだ。このハチの小さな脳の中に、無限の知恵が隠されていて、日々驚嘆するばかりである。
　その驚異の事実を世に示す機会を与えていただいたことに感謝している。
　高文研の代表、飯塚直氏は私がこのハチに関わり始めたころからの蜂友であり、私の良き理解者である。私が巣箱を改良するごとに栃木の自宅のハチで実験していただいた仲である。氏の助言と励ましなしではこの書も陽の目を見ることはなかったはずである。
　また、今回のDVDに収録した映像の編集にあたっては、塚本敏博氏（ビジョン99）にたいへんお世話になった。

　現在、私はネオニコチノイド系農薬の廃止を求める運動に携わっている。この農薬の廃止なしにニホンミツバチの生存はありえない。全国の「ミツバチたすけ隊」の仲間の支えを頼りに、この運動を続けている。このビデオは戦う全国の仲間たちに捧げるものである。

　　2011年10月1日

久志冨士男（ひさし・ふじお）

1935年長崎県に生まれる。佐賀大学文理学部英語英文学科卒業。以後1996年定年退職まで長崎県の高等学校で英語教師を勤める。

アジア養蜂研究協会会員。日本蜜蜂研究会会員。在職中からニホンミツバチを飼い始め、退職後はニホンミツバチの生態研究と普及に専念する。養蜂器具の特許、実用新案多数。

「壱岐・五島ワバチ復活プロジェクト」代表。戦後長崎県の離島で絶滅していたニホンミツバチを2007年と2008年にこれらすべての島で復活させた。2013年1月没。

著書に『ニホンミツバチが日本の農業を救う』『家族になったニホンミツバチ』（ともに高文研）、共著『虫がいない　鳥がいない』（高文研）がある。

家族になったニホンミツバチ

● 2011年10月30日 ────────── 第1刷発行
● 2013年6月1日 ─────────── 第2刷発行

著　者／久志　冨士男
発行所／株式会社　高文研
　　　　東京都千代田区猿楽町2-1-8 〒101-0064
　　　　TEL 03-3295-3415　振替00160-6-18956
　　　　http://www.koubunken.co.jp
組版／Web D
印刷・製本／三省堂印刷株式会社

★乱丁・落丁本は送料当社負担でお取り替えします。

©HUZIO HISASI, Prrinted in Japan
ISBN978-4-87498-469-7　C0045

久志式 ニホンミツバチ巣箱

12,000 円《税別》
(送料別途 630 円)

◆セット内容◆

- 本体　重箱用板（杉）　16 枚
  　　　　　　　　　（4 枚 1 組 ×4 段分）
- 置台　1 組
- 組み立て用コースレッド（木ねじ）　54 本
  ［本体用　48 本（12 本 ×4 段分）
  　天板用　6 本（3 本 ×2 枚分）］
- 天中板　3 枚 1 セット
- 天板　2 枚 1 セット
- 中桟用竹ヒゴ　16 本（4 本 ×4 組）
- ニホンミツバチ誘引剤

完成品

　ニホンミツバチを飼育してみませんか？
　3 月、4 月、5 月はニホンミツバチの分蜂期（ぶんぽうき）です。
（地方によって異なります。）
　分蜂とは、ミツバチが巣分かれし、群れを増やしていくこと。
　久志先生の著作の読者から、「ニホンミツバチを自分でも飼ってみたい」という声が多数寄せられました。そこで、著者の久志冨士男先生のオリジナル巣箱を特別に製作し、販売いたします。
　久志先生が 10 数年の研究・実践の末たどり着いた日本最強の巣箱です。
　キットになっていますので、誰でも簡単に作ることができます。
　もちろん、ハチミツも収穫できます。

郵便振替にてご入金ください。
入金が確認出来次第、発送いたします。
　郵便振替口座番号
　00160-6-18956
　【加入者名】高文研
※振替用紙の通信欄に、【ミツバチの巣箱発送希望】と明記願います。

キット内容